LE CENTENAIRE

DE

l'Ecole nationale

d'Arts & Métiers

DE CHALONS

(3 JUIN 1906)

HISTOIRE ET SOUVENIRS

Deux Gravures

CHALONS-SUR-MARNE

Typographie Lithographie MARTIN Frères

PLACE DE LA RÉPUBLIQUE, 50.

1906

AUX ECOLES
D'ARTS ET METIERS
A LEUR
FONDATEUR

Nous reproduisons, ci-contre, le monument du
Centenaire : ce monument est du sculpteur Max
Blondat.

Sur le socle de pierre, deux jeunes gens sont
côte à côte, l'un ayant dans ses mains les instruments de dessinateur, l'autre représenté en tenue
de travail, semblant sortir de la forge. Un médail-
lon en bronze évoque la figure du duc de La Rochefoucauld-Liancourt, dont l'initiative fut si féconde.
Enfin, à droite et à gauche du piédestal, se voient
l'avant d'une locomotive, puis un canot automobile
qui fend les flots dont la frange d'écume dit la
puissance de son effort.

LE CENTENAIRE

DE

l'Ecole nationale d'Arts & Métiers

DE CHALONS

(3 JUIN 1906)

HISTOIRE ET SOUVENIRS

Deux Gravures

CHALONS-SUR-MARNE

TYPOGRAPHIE LITHOGRAPHIE MARTIN FRÈRES

PLACE DE LA RÉPUBLIQUE, 50.

—

1906

LE CENTENAIRE

DE

L'ÉCOLE NATIONALE D'ARTS & MÉTIERS

DE CHALONS

(3 JUIN 1906)

HISTOIRE & SOUVENIRS

— ✗ —

Ce n'est pas aux Châlonnais que nous avons la prétention d'apprendre ce qu'est l'Ecole des Arts et Métiers, installée chez eux depuis un siècle, et qu'ils considèrent comme faisant partie intégrante de la cité.

Il n'est presque aucun d'entre eux qui n'en ait visité les beaux ateliers, qui n'y ait eu, parmi les professeurs ou les élèves, des parents ou des amis ; tous se sont réjouis des succès de l'Ecole aux diverses Expositions, et s'intéressent aux travaux de cette jeunesse qui ne fournit

pas seulement, comme le voulait Napoléon, « des sous-officiers à l'industrie »,
mais qui lui a plus d'une fois fourni des
chefs du plus haut mérite.

Il n'est pas inutile cependant de rappeler
et de fixer quelques points, afin de per-
mettre aux lecteurs de mesurer l'impor-
tance des Fêtes du Centenaire.

Dès le dix-septième siècle, un évêque de
Châlons, Cosme Clausse, avait eu l'inten-
tion de créer une école d'arts et métiers ;
le projet n'aboutit pas ; mais de cette vel-
léité de favoriser le développement industriel de la ville résulta du moins, dans le
quartier même de l'école actuelle, la créa-
tion d'une filature dite de Saint-Nicolas,
dont le souvenir vivait certainement encore lorsque l'Empereur Napoléon transféra à Châlons l'école de Compiègne.

*
* *

Celle-ci avait été fondée vers 1780 par le
duc de Larochefoucauld-Liancourt et peu
d'années après, en 1788, elle comptait déjà
130 élèves.

Le duc de Larochefoucauld-Liancourt
était un de ces grands seigneurs qui, fati-
gués de l'inaction imposée à la noblesse

par la politique jalouse de la royauté, es-
sayaient, par l'emploi de leur immense
fortune, de se rendre utiles. Ils étaient de
leur temps par leur amour des innova-
tions ; ils ne furent pas en principe hostiles
à la Révolution... Mais ils étaient aussi de
leur race en restant fidèles à leur roi et en
sachant mourir dignement pour lui. Ce
qui lui restait de sa fortune, en partie
consacrée aux œuvres de philanthropie,
La Rochefoucauld le mit à la disposition de
Louis XVI. Exilé et proscrit, c'est miracle
s'il ne subit pas le sort de trois de ses parents qui furent massacrés ou périrent sur
l'échafaud.

Quand l'ordre fut rétabli, il ne fut pas
de ceux qui boudèrent la société nouvelle.
Il revint en France, et ce qui prouvait l'u-
tilité des institutions qu'il avait fondées,
c'est qu'il les retrouva à son retour à Liancourt, dans l'état où il les avait laissées :
les gouvernements issus de la Révolution,
en proscrivant l'homme, avaient respecté
ses créations, Ecole des arts, alors établie
à Compiègne, Ferme-modèle, Dispensaire
pour les pauvres, Comité de vaccination,
etc.

En 1805, il est question d'un nouveau
déplacement de l'Ecole. Reims, Troyes,

Châlons, la disputent à Compiègne. Un décret impérial du 5 septembre 1806, daté de Saint-Cloud, l'établit à Châlons.

Notre ville s'en montra reconnaissante à l'Empereur.

Elle fit élever à l'entrée du pont de Marne, du côté du faubourg, un arc de triomphe qui portait pour inscription : « A l'armée française, pour consacrer le souvenir de ses victoires au-delà du Rhin, de son retour glorieux, de son entrée dans les murs de Châlons, la Ville reconnaissante».

Deux bas-reliefs ornaient ce monument.

Sur celui qui était à gauche du spectateur, on lisait : « Entrée de Napoléon dans la ville de Châlons. » La ville y était représentée sous la forme d'une femme drapée à l'antique. Elle présentait sur un plateau les clefs de la ville à Napoléon.

Sur le second, à droite du spectateur, se lisait : « Etablissement de l'Ecole des Arts et Métiers ». Dans le plus pur style grec, l'artiste lyonnais Lemot avait sculpté la déesse de la science, Minerve, présentant à Napoléon deux jeunes gens destinés à l'enseignement des arts et métiers. L'Empereur, en César romain, ordonnait d'un geste significatif l'établissement qui devait recevoir ces jeunes élèves. La Nym-

phe de la Marne, à demi couchée et ap-
puyée sur l'urne classique, terminait le ta-
bleau.

L'ensemble de l'édifice, achevé en trois
ans, était dû à M. Génin, architcte et professeur de dessin à l'Ecole des Arts.

La collaboration de ces deux artistes,
Lemot et Génin, avait réalisé un chef-
d'œuvre, hélas ! éphémère ! L'arc de triomphe fut détruit par l'explosion qui fit sau-
ter le pont de Marne, lors de la retraite de
nos troupes, en 1814.

Dès que le transfert eut été ordonné,
l'Ecole se mit en marche par étapes vers
Châlons. Elle était à Fismes le 10 décem-
bre, le 11 à Reims, aux Petites-Loges le 12
et à Châlons le 13.

Elle fut installée dans l'ancien couvent
des Jacobins, qui avait été occupé aux premiers temps de la Révolution par l'Ecole
d'artillerie, transférée à Metz en 1802.

Dans les premières années, l'Ecole des
Arts comptait jusqu'à 500 élèves ; ceux-ci
y restaient un nombre d'années indéter-
miné. C'est seulement en 1832 qu'une or-
donnance réduisit leur séjour à trois ans.

On réduisit également à quatre le nombre des ateliers qui étaient au nombre de onze : forge ; menuiserie-ébénisterie ; serrurerie ; ajustage : tailleurs de limes ; tours et modèles ; charronnage ; fonderie ; ciselure sur métaux ; horlogerie ; fabrication d'instruments de mathématiques.

Sous le premier Empire, l'Ecole qui avait une organisation militaire était de toutes les fêtes et cérémonies de la ville. Lors des passages de souverains, ou bien encore du cortège funèbre de quelque personnage illustre comme celui du maréchal Lannes, les élèves en armes formaient la haie. En 1809, au moment où une armée anglaise débarqua aux bouches de l'Escaut, les élèves accompagnèrent à leur départ les bataillons de volontaires formés pour aller repousser cette agression.

Lors des invasions, ils se signalèrent par leur patriotisme. Formés en compagnies d'artilleurs, ils s'exercèrent à la manœuvre des pièces de canon destinées à la défense de la ville.. Ils avaient pour chefs les premiers d'entre eux qu'on appelait « aspirants » et qui portaient l'épée et les aiguillettes.

En 1815, alors que notre ville n'avait pour sa défense que deux faibles dépôts d'infanterie, quelques débris de divers corps, une quarantaine de gendarmes et six canons, les élèves formèrent un appoint précieux à cette faible garnison.

Lorsque, le 2 juillet, le général russe Czernicheff se présenta avec un corps d'environ 3.000 hommes, la résistance fut assez vive. Les Russes, d'abord maîtres de la ville, en furent chassés par un retour offensif des Français, parmi lesquels se distinguaient les élèves de l'Ecole. Plusieurs de ceux-ci furent blessés ; la plupart, faits prisonniers, furent rendus à la liberté, mais les deux « aspirants » furent emmenés à Francfort et ne purent revenir en France qu'au mois de novembre.

En 1870, les *gad'zarts* furent dignes de leurs aînés ; beaucoup s'engagèrent pour la durée de la guerre.

Il est inutile de dire que, pendant la longue période qui s'est écoulée depuis sa fondation, l'institution créée par La Rochefoucauld-Liancourt s'est constamment tenue au courant du progrès. L'Ecole de Châlons ne pouvant seule fournir au recrutement industriel, des établissements similaires furent fondés à Angers d'abord, puis à Aix-en-Provence, et, en ces derniers temps, à Cluny, à Lille et à Paris.

Les élèves se recrutent pour chaque école dans une circonscription déterminée par sa situation géographique.

L'enseignement est à peu près uniforme pour toutes.

Les examens d'entrée sont difficiles, étant donné surtout le jeune âge des candidats. Il y a beaucoup d'appelés pour peu d'élus.

La durée des cours est, avons-nous dit, de trois ans.

Les matières de l'enseignement comportent les mathématiques, l'algèbre, la géométrie, la cosmographie, l'arpentage, la trigonométrie, des cours de français, d'histoire et de géographie.

Puis viennent la cinématique, la physique, la chimie, la mécanique, etc.

Les élèves sont répartis en quatre ateliers : les tours et modèles, la fonderie, la forge et l'ajustage.

Entrons dans celui des tours et modèles, d'aspect calme et paisible. L'enseignement y est à la fois purement manuel et technologique ; il exige une grande habitude du dessin et beaucoup d'intelligence de la part des nouveaux venus. Il s'agit d'habituer les jeunes gens non seulement à tous les travaux que comporte la menuiserie, mais à la confection des modèles en bois figurant les machines, modèles qui sont dressés d'après les épures de l'ingénieur et qui, une fois reproduits par les élèves, sont définitivement exécutés en métal par les fondeurs et les ajusteurs.

On initie peu à peu les élèves à la marche et au rendement des machines-outils. Mais c'est seulement en troisième année que le chef d'atelier s'efforce de développer l'esprit d'initiative individuelle.

A la fonderie, les élèves travaillent, soit isolément, soit deux par deux, soit par petits chantiers de quatre individus. On les emploie tout d'abord à fouler le sable dans les moules, puis à fondre des objets peu compliqués, tels que petits engrenages, volants, presse-papiers, etc. Les progrès de l'instruction exigent en seconde année la confection de pièces plus difficiles et plus artistiques. En troisième année enfin, les anciens exécutent toutes les commandes qu'ils peuvent être appelés plus tard à fondre dans le cours de leur carrière industrielle, en opérant sur le

bronze, la fonte, le laiton, ou le mélange
d'étain, de cuivre et d'antimoine qu'on
appelle « métal blanc ».

A l'atelier des forges, la besogne est ru-
de, mais la santé des élèves gagne beaucoup à ce genre d'exercice : les tempéra-
ments chétifs se développent sensiblement
et les cas de maladie sont plus rares aux
forges que partout ailleurs.

Dans le quatrième atelier, celui de l'a-
justage, les jeunes gens s'agitent au mi-
lieu du bruit des machines et travaillent
les métaux à la lime et au tour.

Des examens ont lieu à la fin de chaque
année. Ceux des élèves qui ne remplissent
pas les conditions exigées pour l'admis-
sion à la division supérieure sont rendus
à leurs familles.

Après la troisième année, ceux qui, à
raison de la faiblesse de leurs notes, n'ob-
tiennent pas la cote voulue, quittent l'é-
cole sans brevet ni diplôme. Les autres re-
çoivent un certificat délivré par le minis-
tre. Des médailles d'or et d'argent sont at-
tribuées aux plus méritants.

Les élèves sortant de l'Ecole d'arts et
métiers, pas plus que ceux sortant de l'E-

cole centrale, n'ont droit à un emploi sala-
rié par l'Etat, mais ils trouvent facilement
à se placer dans l'industrie.

Quelques mois avant la sortie des anciens, le directeur s'occupe de leur trou-
ver des emplois dans les grands établissements industriels.

Les Arts et Métiers, surtout les écoles
d'Aix et d'Angers, fournissent la plupart
des mécaniciens de la flotte. On sait les
avantages qui, par suite du développement de la machinerie à bord des navires
de guerre, sont faits au corps des mécaniciens, qui est assimilé à celui des officiers
de vaisseau.

D'anciens élèves des Arts et Métiers sont
arrivés au poste de mécanicien en chef de
la flotte.

Les promotions se partagent surtout
entre les compagnies de chemins de fer
et les grandes usines, telles que le Creu-
sot, Fives-Lille et Fourchambault.

Les Arts et Métiers ont fourni à l'armée plus d'un brillant officier : nous citerons le général Dard, de l'artillerie de ma-
rine, et plusieurs officiers du génie.

Quelques-uns des anciens diplômés se
sont lancés dans des carrières bien dif-
férentes de celles en vue desquelles ils

avaient autrefois limé, dessiné ou résolu des équations. On peut citer parmi eux des députés ou sénateurs, des banquiers, agents d'assurances, notaires, pharmaciens, etc.

Plusieurs anciens élèves résident à l'étranger, et surtout en Espagne, en Egypte, en Belgique, dans la République Argentine. Ils y contribuent puissamment au mouvement industriel et font honneur à la France.

En résumé, les écoles d'Arts et Métiers sont d'excellentes institutions fournissant à l'industrie privée et aux services publics des sujets d'élite et très recherchés. Ils doivent surtout leurs qualités au travail manuel, grâce auquel on n'a pas à redouter de voir d'excellents chefs ouvriers, contre-maîtres, directeurs d'usines, se transformer en demi-savants prétentieux et insuffisants.

Depuis près de soixante ans existe une Association amicale des anciens élèves, qui compte aujourd'hui, nous dit-on, près de 7,000 membres. Cette association a beaucoup fait pour assurer l'avenir des jeunes gens sortis de l'Ecole.

L'ÉLÈVE DE LIANCOURT EN 1795

« Histoire véritable racontée en 1834 pour les enfants des écoles primaires », par B. Wilhem, ancien élève.

Cette petite brochure s'ouvre par un chœur de Crouzet mis en musique par Gossec :

> Bénissons l'Etre suprême,
> Il veille à notre destin ;
> Il nous protège, il nous aime ;
> Il est le Dieu de l'orphelin.

« Au temps de la République, raconte Wilhem, on transféra dans le château dévasté de Liancourt les élèves du chevalier Paulet, venus de la caserne Popincourt, et ceux de Léonard Bourdon (les Enfants de la Patrie) venus de l'abbaye Saint-Martin ; on leur adjoignit les élèves d'une école militaire instituée dans le village même par le duc de La Rochefoucauld (l'un des véritables fondateurs des caisses d'épargne actuelles), et, sous la direction du très docte et très excellent Pierre Crouzet, le nouvel établissement prit le nom d'*Ecole nationale de Liancourt,* pour les fils d'officiers et des défenseurs de la patrie. A ce titre j'y fus admis le surlendemain de l'installation au mois de thermidor an III.

« Là, au nombre d'environ 300, élevés et entretenus aux frais de la République, nous manquions à peu près de tout. Je me souviens qu'en une certaine année, couverts de vestes assez légères, et portant des culottes courtes, nous étions presque tous sans bas et sans souliers, au mois de nivôse (janvier) ; alors nous n'avions pas de pain non plus et chaque jour on envoyait quelques-uns de nous sur la route de Paris, pour voir s'il n'arrivait pas de farine.

« Dans le château, les appartements sans vitres nous servaient de dortoirs et nous avions des couchettes d'hôpital sur lesquelles figurait une paillasse surmontée d'un simple matelas dont nous nous servions en guise de couverture. D'autres salles, à double ou triple courant d'air formaient les classes, où le pauvre professeur cherchait à ne pas transir en concentrant la chaleur de sa respiration dans les plis de l'énorme cravate qui lui montait jusqu'au nez ; nous, sans cols et la face violacée, nous l'écoutions en grelottant.

« Au réfectoire nous étions tous debout

et rangés par escouade de dix à treize autour de petites tables rondes et grossières ; l'élève de corvée par chaque table apportait de la cuisine souterraine une soupe claire dont chacun prenait une cuillerée à son rang ; arrivaient après et en nombre exact de petites portions de basse viande : la ration de pain, brun et pâteux, était grande et épaisse comme un jeu de cartes. Au souper, c'était une « gammelée » de riz liquide où surnageaient quelques grignons de lard qui étaient enlevés au premier tour par les plus adroits. Cet unique plat du soir variait, selon la saison, en vieux fromage de gruyère ou en salade au pur vinaigre, en pois chargés de pucerons, en haricots tachés ou en pommes de terre mal épluchées.

« Fautes de pots et de carafes, nous mangions toujours sans boire. Avant ou après le repas on faisait queue à la pompe ; quand il gelait, les plus pressés cassaient la glace au bout du conduit de plomb sous lequel bouche béante, nous penchions nos jeunes têtes échevelées.

(Un dessin représente la scène ; pendant qu'un groupe d'élèves fait queue à la pompe, d'autres, dans la cour, battent la semelle ou soufflent dans leurs doigts.

« Néanmoins, reprend Wilhem, cet asile où nous étions si malheureux est bien cher à notre souvenir ; il a vu commencer des amitiés qui sont inaltérables, n'est-ce pas, mon bon Antier ?

«Le vent de l'adversité, comme celui des orages, transporte et sème en grondant quelques bonnes semences. Un grain de musique vint à frapper au front de l'un des petits, puis un autre grain lui tomba sur le cœur. Était-ce heur ou malheur pour sa vie ? Il ne le sait pas encore. »

A ce trait, on reconnaît en Wilhem le futur compositeur de musique, qui fut directeur du chant dans les écoles municipales de Paris, le fondateur des Sociétés chorales connues sous le nom d'Orphéons. — Ce ne fut pas une des moindres illustrations des Ecoles des Arts et Métiers. Son premier maître de musique avait été le père Guette, tambour des vétérans, qui dirigea la première fanfare de l'Ecole. Ses leçons furent d'ailleurs des plus sommaires. « Prends cette petite flûte, dit-il à Wilhem ; prends cette méthode de Devienne ; va et souffle... » L'enfant lut et souffla, le jour pendant les récréations, et la nuit pendant le sommeil, un peu dur de ses camarades : bientôt son pipeau do-

mina tous les autres dans les marches et
au temple de la Raison (à l'Eglise ajoute-
t-il entre parenthèses, ce qui prouve qu'on
n'était pas loin de la réapparition du culte).
Dans la bibliothèque du château, échap-
pée comme par miracle au pillage, Wilhem découvrit les œuvres de Rameau et
devint à son tour auteur musical.

Une de ses compositions ayant été exé-
cutée, à plusieurs parties, devant l'inspec-
teur de l'Ecole, Guinguené, un des écri-
vains les plus distingués de l'époque, elle
parut si remarquable, que Wilhem fut
envoyé à Paris et recommandé au célèbre
compositeur Gossec, directeur du Conser-
vatoire.

Son camarade Antier n'eut pas une
moindre fortune. Il fut l'un des auteurs
dramatiques les plus applaudis de la première moitié du XIXe siècle.

*
* *

Parmi les bienfaiteurs de l'Ecole, nous
citerons un ancien élève, M. Jourdain,
grand industriel de l'Alsace, qui lui a lé-
gué une rente de 5.000 fr., fondant en ou-
tre un prix qui porte son nom.

— × —

PROGRAMME DES FÊTES

---+---

Dimanche 3 juin

11 h. 1/2 du matin, Inauguration du Monument commémoratif.

1 heure, Banquet à l'Ecole.

A l'issue du Banquet, visite de l'Ecole.

Le soir, Fêtes organisées par la Municipalité châlonnaise et le Veloce-Club châlonnais.

A 9 heures, GRANDE FÊTE DE NUIT AU JARD.

Des entrées de faveur seront réservées aux anciens Elèves et à leurs familles.

Lundi 4 juin

A 2 h. 1/2 après-midi, au Jard, Concert et Tirage d'une Tombola.

Ascension d'un Ballon monté.

Grande Matinée acrobatique et musicale, avec le concours des principales attractions des cirques et music-halls de Paris.

A 9 heures du soir, Bal au Jard.

--- == ---

Dimanche 3 Juin

A l'occasion du Centenaire de l'École d'Arts et Métiers

GRANDES FÊTES

ORGANISÉES

par le Véloce-Club Châlonnais

PROMENADE DU JARD

à 9 heures

FÊTE DE NUIT

GRAND FEU D'ARTIFICE, BAL, ILLUMINATIONS

ENTRÉE : 0 fr. 50

Lundi 4 Juin, *à 2 heures 1/4*

Tirage de la Tombola au Kiosque

Ascension du ballon monté « Le Petit Journal »

BASSIN DU JEU DE PAUME

GRANDE REPRÉSENTATION

ACROBATIQUE & MUSICALE

Par le Cirque Métropole de Paris

ENTRÉE : 0 fr. 50

A 9 heures, AU JARD

BAL GRATUIT

Châlons. — Imp. Martin frères.

Bas-relief de l'ancien Arc de Triomphe du Pont de Marne.